雞胸肉

宜料理 宜

雞柳、雞塊、雞丁、雞肉片、雞絞肉及雞皮的活用料理

積木文化

Contents

Chicken 1
全雞胸肉料理

Chicken 2
雞柳料理

Chicken 3
雞塊與雞丁料理

請好好享用雞胸肉

宜手作
YIFANG's handmade

從小到大不知聽多少人說過「我不愛吃雞胸肉，雞胸肉太硬太柴，不好吃。」曾幾何時，這個被大多數人嫌棄的雞肉部位，卻因為近幾年的健身與減重觀念提升而鹹魚大翻身，變成肉類的購買首選之一，就連最受歡迎的雞腿肉銷量也遠遠不及於它。

然而，大家接受了雞胸肉，知道雞胸肉的好，卻還是根除不了對雞胸肉又硬又柴的不好印象，無論是網路留言私訊或是烹飪課堂上，常常有人問我，倒底該怎樣料理才能讓雞胸肉變得「又嫩又好吃」呢？

料理訣竅確實有，我會在這本書中詳盡說明，但有一點要留意：雞胸肉本身幾乎零油脂，加熱後因為肉質收縮，在相同的料理情況下，口感一定不如油脂豐富的雞腿肉軟嫩，我們能做的，就是利用不同的方法鎖住肉汁，維持好的口感，並利用各種料理方式讓雞胸肉有更多變化、口味更豐富。

雞胸肉比起其他部位，肉多油脂少，蛋白質含量更高，是非常優質的肉品。為了孩子的發育與家人的健康，雞胸肉也是我家餐桌上最常出現的食材之一，我的上一本書《一起來·吃早餐》就特別示範多道雞胸肉的早餐食譜，在這本書中，我將雞胸肉的作法分得更詳細，依雞胸肉不同大小型式，設計多款料理，讓大家不再只能吃水煮或乾煎的雞胸肉。

了解與善用雞胸肉的特質，搭配其他食材，餐餐都能有好吃的雞胸肉，請好好享用。

雞胸肉的
購買

雞的種類也是影響雞胸肉口感的關鍵之一，有些人誤以為放山雞或土雞比較營養，肉質也比較好，結果花了較高的價格卻吃到很柴的肉。殊不知放山雞因為運動量較大，肌肉發達，肉質比較扎實，烹煮之後肉緊縮起來，整塊硬邦邦，當然沒有預期的好吃。因此在料理雞胸肉前，請先注意購買的品種。

如果不知道如何挑選雞的品種，最簡單的就是購買一般的肉雞，也就是沒有特別強調是土雞的雞肉。在超市購買時，包裝上都會有標示，也已經將雞胸肉去皮，雞柳也會另外切好販售，很適合不知道如何選購的新手。傳統市場就買白肉雞或是仿土雞就行了，可以請肉攤老闆將整副雞胸去皮去骨，建議雞皮和雞骨可以一起購回，雞皮可以做成料理，炸出的油也能充分利用（見P.94），雞骨則能熬煮雞高湯。

我不特別推薦任何品種的雞肉，因為每個人喜歡的味道、口感不一樣，吃過就會知道是不是自己喜歡的，但建議盡量買友善、人道飼養的雞舍出品的雞肉，在優良環境下成長的雞，產出的雞肉會更安心、更健康、更好吃，同時也能維護我們的生活環境，是良善的循環。

超市販售的雞胸

超市販售的雞柳

雞胸肉的
挑選

帶骨雞胸

整副雞胸肉（帶皮）

去皮後對切（整塊雞胸）

雞皮

雞柳（里肌）

切塊

切片

切碎

挑選皮肉不易分離的雞胸肉

挑選雞胸肉時要注意，雞皮應該是黃白色，雞肉應該是粉紅色，按壓下去是有彈性且雞皮不易撕下。正常的雞肉要有鮮肉的味道而不是奇怪的腐敗臭味。

無論任何肉類，購買後應盡早食用。從超市買回的雞胸肉可以先放冰箱冷藏，菜市場雞肉攤買回的雞胸肉，若沒有馬上料理，可以先用流動的清水簡單清洗，再用廚房紙巾將表面水分擦乾，放在保鮮盒或塑膠袋冷藏或冷凍，每一片雞胸肉都要分開，不可堆疊。冷藏請在三天內烹煮。冷凍請不要超過一個月，烹煮前一定要先退冰至室溫。

雞胸肉
料理前的準備

除了前述購買時要注意雞肉的品種外，料理時的前置處理更加重要。從超市或菜市場買回的雞胸肉，常常因品種不同，厚薄差異很大，而整塊雞胸肉因油脂少，烹煮過後非常容易乾柴，但其實只要在料理前將雞胸肉做些處理，就能大大改善吃起來的口感。

雞胸肉的前置處理

去筋

>> POINT **01**

雞胸肉中（里肌）有一些白色的筋，肉與皮的相連處也有白色的筋膜，料理前可先去除，烹煮後的肉會更加軟嫩。另外也可用叉子在雞胸肉上來回戳數次，達到斷筋的效果，也有助於醬汁入味。

筋膜在皮的交接處

白色的筋膜

用叉子戳，讓雞胸肉斷筋

切薄或切塊

>> POINT **02**

雞胸肉片越厚,烹煮的時間越久,肉也就更容易因為水分流失而變得乾、柴、硬,因此料理前建議先改變雞胸肉的大小與厚薄,減少加熱時間,同時也能讓料理有更多變化。

切薄 1

切條狀

切薄 2

切塊

切片

切丁

拍薄

>> POINT 03

雞胸肉蓋上保鮮膜或烘焙紙,用擀麵棍、肉鎚或刀背在肉上拍打,此步驟也有斷筋的效果,讓肉在烹煮後口感更好。不過要小心別拍打過頭讓肉片破掉。

用擀麵棍拍打

用刀背拍打

拍打後肉片會變大

抹油

>> POINT 04

在雞胸肉表面撒鹽和白胡椒粉,再均勻抹上橄欖油,讓雞胸肉表面形成保護膜,如此可以鎖住雞胸肉的肉汁與水分,加熱後也能讓肉有更好的口感。

雞胸肉抹上一層薄薄的油

抹完油後稍微靜置

memo

如果是用烤箱高溫烘烤,建議可以用冷壓初榨橄欖油、玄米油或葡萄籽油等發煙點較高的油品。

拍粉	醃漬

>> POINT 05

在雞胸肉表面裹粉（就像抹油一樣），讓雞胸肉表面有保護膜，可以鎖住肉汁，如各種麵粉（低、中、高筋皆可）、太白粉、玉米粉或地瓜粉等粉料。

>> POINT 06

天然酵素可以分解肉內蛋白質，讓肉質軟化。如優格、檸檬汁、醋、水果，另外碳酸飲料如可樂，也有同樣的效果，就連啤酒也有相同的作用。

粉量不用太多

擠上檸檬汁

輕輕拍打表面，讓粉均勻沾附

以優格醃漬，有助肉質軟化

memo

粉的用量不用太多，只要在表面撒上少許的粉料，再用手輕輕的拍打，讓整塊肉平均沾裹即可。

水果含天然酵素，也可用來醃漬

Chicken

1

\ 好吃不柴的 /

全雞胸肉料理

整片雞胸肉的料理方式

正在健身，想增肌減脂的人，如果要餐餐都吃雞胸肉，一次將整塊煮好是最方便又省時的方式，但整塊雞胸肉又大又厚，為了熟透常會煮過頭。以下介紹三種烹煮技巧，可讓雞胸肉軟嫩不柴，煮好後即可食用，也能二次料理（請參考 P.18 ～ 21）。

浸泡鹽水	電鍋蒸煮	水煮悶熟

將雞胸肉浸泡在 3% 的鹽水中冷藏一晚（或至少 4 ～ 6 小時），鹽水會改變肉的結構，讓料理後的雞胸肉也能保持軟嫩。泡過鹽水的雞胸肉也可直接煎或烤。

肉要整塊浸泡在鹽水裡（水蓋過肉），水量則視容器大小決定。如：1000ml容器＋600ml 水＋18g 鹽

雞胸肉表面撒鹽放置盤中，肉下方放蔥段和薑，外鍋加 0.5 杯水，將雞胸肉放到電鍋蒸煮，電鍋跳起後不要立即開蓋，悶 10 分鐘，打開後即可使用。

取一小鍋或是可以直火加熱的容器，放入雞胸肉和水，水需蓋過雞胸肉，放入薑片和蔥段，再加一大匙米酒，開火將水煮滾，水滾後轉小火煮 5 分鐘，關火，靜置放涼。

讓肉在低溫慢熟的過程中維持肉的軟嫩，加蔥和米酒，可去除肉的腥味。

涼拌豆芽雞絲

材料 2人份

煮熟雞胸肉・1 片
豆芽菜・30 公克
黑木耳・20 公克
紅蘿蔔・30 公克
鹽・1 小匙
白胡椒粉・1 小匙
香油・1 大匙

作法

1 將煮熟的雞胸肉用叉子或乾淨的雙手剝成細絲。（圖 1、2）

2 豆芽洗淨，紅蘿蔔洗淨後削皮切細絲，黑木耳洗淨後切細絲。起一鍋水，加一點鹽（分量外），水滾後將豆芽、紅蘿蔔絲、黑木耳絲放入汆燙 20 秒撈起，再放入冷水中冷卻，瀝乾備用。

3 作法①和作法②放入料理盆，加入鹽、白胡椒粉和香油，拌勻即完成。

涼拌秋葵雞絲

材料 2人份

煮熟雞胸肉‧1 片
秋葵‧8 根
紅椒‧1/2 顆
油蔥酥‧10 公克

A
香油‧1 大匙
醬油‧1 大匙
黑胡椒粉‧1 小匙

作法

1 將煮熟的雞胸肉用叉子或乾淨的雙手剝成細絲。

2 秋葵洗淨後用削皮刀將蒂頭削成筆尖狀（圖 3），放入鹽水中氽燙 10 秒，撈出後冰鎮瀝乾，切成小塊。紅椒切細絲。

3 作法①和作法②放入料理盆，加入油蔥酥，淋入［A］拌勻即完成。

涼拌高麗菜雞絲

材料 2人份

煮熟雞胸肉‧1 片
高麗菜‧60 公克

A
檸檬汁‧30ml
醬油‧10ml
魚露‧1 小匙
糖‧1/2 大匙
蒜末‧1 大匙
辣椒末‧1 小匙

花生‧50 公克
香菜‧適量

作法

1 將煮熟的雞胸肉用叉子或乾淨的雙手剝成細絲。

2 高麗菜洗淨後瀝乾，切絲。

3 將［A］放入料理碗中拌勻，讓糖融化。

4 將高麗菜鋪在盤子上，放上作法①的雞絲，放上花生，淋上作法③，最後撒上香菜即完成。

1

2

3

CHICKEN 04

雞胸肉炒四季豆紅蘿蔔

材料 2人份

煮熟雞胸肉 · 1 片
薑絲 · 10 公克
四季豆 · 50 公克
紅蘿蔔 · 40 公克
米酒 · 1 大匙
鹽 · 2 小匙
二砂糖 · 1 小匙

作法

1 將煮熟的雞胸肉用叉子或乾淨的雙手剝成細絲。

2 四季豆去粗筋、紅蘿蔔削皮,都切成細絲(圖)。

3 炒鍋加熱,加油,放入薑絲拌炒,放入作法②的四季豆絲和紅蘿蔔絲,加入米酒、鹽和二砂糖拌炒。

4 起鍋前放入作法①的雞絲,炒勻即完成。

延伸料理

>> 起司玉米雞肉

2人份

主材料:煮熟雞胸肉

韓式泡菜 · 50 公克
玉米粒 · 40 公克
美乃滋 · 30 公克
起司絲 · 30 公克

作法

a 將煮熟的雞胸肉用叉子或乾淨的雙手剝成細絲。

b 將韓式泡菜切小塊放入烤盤中,加入作法ⓐ的雞絲、玉米粒、美乃滋拌勻,最後鋪上起司絲。

c 送入已預熱 230 度的烤箱,烤 6 ～ 8 分鐘(或是起司融化)即可。

煎雞胸肉三明治

材料 2人份

雞胸肉 · 1 片
鹽 · 2 小匙
白胡椒粉 · 1 小匙
橄欖油 · 1/2 大匙
吐司 · 3 片
起司 · 1 片
火腿 · 1 片
生菜葉 · 1 片
美乃滋 · 適量
黑胡椒粉 · 少許

作法

1 雞胸肉橫切成兩片，厚度約 0.7～1 公分（圖 1、2），表面撒鹽和白胡椒粉後抹上橄欖油，靜置 10 分鐘。

2 平底鍋加熱，加油，鍋子熱了之後將作法①的雞胸肉放入煎 1 分鐘，翻面後轉小火，再煎 1 分鐘，關火靜置至少 3 分鐘。

3 吐司烤到金黃，在一片吐司上依序放美乃滋、生菜、番茄，再疊上一片吐司（圖 3），放上美乃滋、作法②的雞胸肉、起司片和火腿，撒少許黑胡椒粉，再疊上最後一片吐司。四邊各插上 1 支牙籤，對角切成兩個三明治即完成（圖 4）。

Point

三明治若要帶便當或外帶，吐司內側要抹點奶油，奶油可以隔絕水氣，讓吐司不會濕軟。如果三明治中不想夾火腿，可以改由荷包蛋與番茄代替，一樣營養好吃。

1

2

3

4

CHICKEN 06

炸雞排

材料 2人份

雞胸肉‧2片

A
| 蛋液‧1顆
| 醬油‧1/2大匙
| 蒜末‧1小匙
| 薑末‧1小匙

白胡椒粉‧1小匙

地瓜粉‧2大匙

作法

1 將雞胸肉蝴蝶切（圖1、2、3），放在砧板上，蓋上保鮮膜，用刀背將肉剁數次，讓肉變平扁、變大塊（圖4）。

2 將［A］倒入料理盆，放入作法①的雞胸肉醃1～2小時。

3 地瓜粉倒入盤中，將作法②的雞胸肉兩面均勻沾裹地瓜粉，靜置3分鐘反潮。

4 平底鍋加熱，放入約1公分高的炸油，油熱了之後放入作法③的雞排，轉中火（圖5），煎1分鐘後翻面再煎1分鐘，兩面煎炸到金黃即完成（圖6）。

Point

蝴蝶切：將雞胸肉往兩邊切薄（如蝴蝶的一對翅膀），但不要切斷。先在雞胸肉中間最厚處往一邊切薄，翻開；刀子轉向，再往另一邊切薄，翻開，攤平即可。

使用地瓜粉可以讓表面顆粒更明顯，炸過後口感更酥脆。「反潮」是指肉片沾粉後靜置，讓肉片與粉緊密結合，油炸的時候麵皮與肉較不易分離。

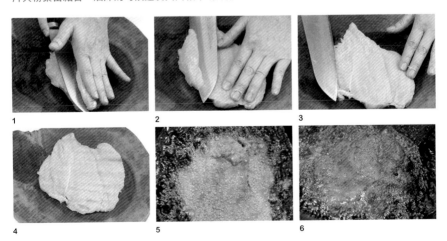

1

2

3

4

5

6

蒸雞肉捲

材料 2人份

雞胸肉‧1片
鹽‧2小匙
四季豆‧2根
紅蘿蔔（長條）‧2根
海苔‧1片

Point

將肉修齊是為了讓成品均勻好看，也可以跳過此步驟，用整片肉來捲，或是蒸好後再修齊也可以。

作法

1　四季豆去頭尾，紅蘿蔔削皮切長條狀。

2　雞胸肉蝴蝶切（圖1），放在砧板上，蓋上保鮮膜（圖2），用擀麵棍打扁打薄，小心不要打破。

3　將保鮮膜拿開，雞胸肉四邊修齊（圖3），再均勻撒鹽，鋪上作法①的四季豆和紅蘿蔔，由下往上將肉慢慢捲起（圖4），盡量將中間的空氣擠出，捲起後用錫箔紙包好固定（圖5）。

4　將作法③放入電鍋中，外鍋加0.5杯水，蒸好後取出，稍微放涼。

5　打開作法④的錫箔紙，在保鮮膜上放一張海苔，將蒸好的作法④放在海苔上（圖6），整捲捲起，最後切片即可食用（圖7、8）。

1　2　3
4　5　6
7　8

CHICKEN 08

炸蔬菜雞肉捲

材料 2人份

雞胸肉・1 片
蘆筍・2 根
紅椒・1/2 顆
鹽・1 小匙
白胡椒粉・1 小匙
麵粉・1 大匙
蛋液・1 顆
麵包粉・1 大匙

作法

1 蘆筍洗淨,將尾段去除。紅椒洗淨後切成條狀。

2 雞胸肉蝴蝶切,放在砧板上,蓋上保鮮膜,用擀麵棍打扁打薄,小心不要打破。

3 將保鮮膜拿開,在雞胸肉上均勻撒鹽和白胡椒粉,鋪上作法①的蘆筍和紅椒,由下往上將肉慢慢捲起。

4 將作法③依序裹上麵粉、蛋液、麵包粉,放入 170 度的油鍋(圖 1),約炸 4 ～ 5 分鐘,炸好後稍微靜置 1 ～ 2 分鐘,切開即可食用(圖 2)。

1

2

延伸料理

2人份

>> 熱狗雞肉捲

主材料:雞胸肉

熱狗・1 條
鹽・少許
白胡椒粉・少許
麵粉・1 大匙
蛋液・1 顆
麵包粉・1 大匙

作法

a 雞胸肉蝴蝶切,放在砧板上,蓋上保鮮膜,用擀麵棍打扁打薄,但不要打破。

b 將保鮮膜拿開,在雞胸肉上均勻撒鹽和白胡椒粉,放上熱狗,由下往上將肉慢慢捲起。

c 將作法ⓑ依序裹上麵粉、蛋液、麵包粉,放入 170 度的油鍋,約炸 4 ～ 5 分鐘,炸好後稍微靜置 1 ～ 2 分鐘,切開即可食用。

Chicken
2

\ 軟嫩口感的 /
雞柳料理

料理前的準備

雞柳又稱雞里肌，是雞胸肉內細長型的肌肉，脂肪更少，因最少運動到所以肉質軟嫩，是很受歡迎的部位，也適合各種料理。建議烹煮前先將雞柳內的筋和表面的筋膜去除，以達最佳口感。

去筋	去膜
雞柳的內部下方有一條白色的筋膜，烹煮前先將筋抽起去除。	雞柳側邊也會有白色的膜，烹煮前也可以將其撕除。

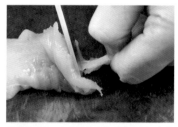

將雞柳平放，左手拉住白色的筋前面一小段

由側邊慢慢撕開

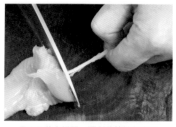

用刀子將肉推開，順利將筋抽起去除

筋膜很薄，但會影響口感

CHICKEN 09

香菇雞柳

材料 **2人份**

雞柳‧4 條
鮮香菇‧3 朵
小松菜‧60 公克
紅蘿蔔絲‧10 公克
太白粉‧1 大匙
雞高湯或水‧300ml
醬油‧1 大匙
糖‧1 小匙

作法

1 香菇切薄片，小松菜洗淨切段。

2 每條雞柳斜切成三片（圖），表面沾裹太白粉。

3 湯鍋裡放入高湯、醬油和糖，加入作法①的香菇和紅蘿蔔絲煮滾，放入作法②的雞肉，小火滾煮約 2 分鐘，最後放入作法①的小松菜，炒勻即完成。

Point

雞柳斜切後，大小會更適口。可逆紋斜切，
改變肉的結構，讓肉的質地更軟嫩。

2人份

延伸料理

>> **蘆筍雞柳蓋飯**

材料：同上

Point

與「香菇雞柳」作法相同。可將蔬菜依時令或個人喜好更改，做出更多變化。
雞柳料理滑順的醬汁淋在白飯上，即成為蓋飯，是簡單又豐富的一餐。

CHICKEN 10

烤檸檬雞柳

材料 2人份

雞柳 · 4 條
檸檬 · 1/2 顆
鹽 · 1 小匙
糖 · 1 小匙
黑胡椒粉 · 少許
橄欖油 · 適量
香料粉 · 適量（可有可無）

作法

1 將檸檬擠汁倒入碗中，加入鹽、糖、黑胡椒粉調和均勻。

2 雞柳放進保鮮盒中，倒入作法①，用乾淨的雙手拌勻，順便按摩雞柳，蓋上蓋子後放入冰箱冷藏 3 小時或隔夜。

3 烤盤鋪上烘焙紙，放入醃好的作法②，表面抹上橄欖油，放入已預熱 200 度的烤箱，烤 12 分鐘，撒上香料粉即完成。

水果醃肉

利用水果醃漬雞胸肉，不但能讓肉質軟嫩，也能增加整道料理的風味與清爽感。台灣水果種類多、選擇多，可依不同季節選用不同水果醃漬。

醃完肉的果泥在料理之前要先清除，以免在烹煮過程中焦掉而影響成品。

鳳梨蘋果泥

奇異果蘋果泥

橘子汁

CHICKEN 11

醋溜雞柳

材料 2人份

雞柳・4 條
蒜片・3 片
青椒・30 公克
紅椒・30 公克
黃椒・30 公克
醬油・1 大匙
米酒・1 大匙
二砂糖・2 小匙
巴薩米克醋・1 大匙
鹽・適量
白胡椒粉・適量
太白粉・適量

作法

1 雞柳斜切成兩段（圖 1、2），撒鹽和白胡椒粉醃 10 分鐘，表面再沾裹薄薄一層太白粉。

2 青、紅、黃椒洗淨後切塊。

3 炒鍋加熱，加油，油熱了之後將切好的作法②和蒜片放入拌炒至表面沾油後取出備用。

4 在作法③的鍋中放入作法①的雞柳，煎到表面金黃。

5 再放入作法③的彩椒，加入醬油、二砂糖、米酒炒勻，起鍋前淋入巴薩米克醋拌勻即完成。

1

2

Point

可以用水果醋或是烏醋取代巴薩米克醋。每種醋都有其特色，換了醋，也會改變此道料理的味道，大家可以試看看喔！

醋的選擇

可依個人對醋的喜好來選用，顏色較深的醋會讓料理的色澤加重。以顏色區分：白醋、黑醋。

醋的種類

合成醋：酸度強，味道嗆。
釀造醋：用穀物或水果經發酵釀造而成，如米醋、蘋果醋、梅子醋等。
調理醋：釀造醋加濃縮蔬果汁調製或再次發酵，如烏醋、巴薩米克醋。

海苔雞柳

材料 2人份

雞柳・5 條
海苔片・10 片
奶油・10 公克
醬油・1 大匙
二砂糖・2 小匙
麵粉・適量

作法

1 每條雞柳切成兩段，分別用海苔片包起，表面沾裹薄薄一層麵粉。

2 平底鍋加熱、加油，放入作法①的雞柳煎到表面金黃取出。

3 在作法②的鍋中放入奶油、二砂糖和醬油，待糖融化後，放入作法②煎好的的雞柳，均勻沾裹醬汁即完成。

Point
可以用太白粉或地瓜粉取代麵粉。

CHICKEN 13

味噌雞柳

材料 2人份

雞柳・6條
味噌・1大匙
米酒・1大匙
糖・2小匙

作法

1 味噌、米酒和糖放入料理盆，用湯匙將味噌壓散，和米酒、糖混合成醬汁。

2 雞柳放入作法①中，用手拌勻並按摩，讓醃料均勻地沾裹在雞柳上，使肉質更軟嫩，蓋上蓋子放入冰箱冷藏2小時。

3 烤盤鋪上烘焙紙，放上作法②的雞柳，放入已預熱180度的烤箱，烤15分鐘即完成。

CHICKEN 14

焗烤番茄雞柳

材料 2人份

雞柳・3 條
鹽・1 小匙
洋蔥・1/2 顆
番茄・1/2 顆
麵包粉・1 大匙
鹽・1 小匙
黑胡椒粉・1 小匙
橄欖油・1 大匙
起司絲・2 大匙

作法

1 雞柳表面撒鹽（分量外，圖 1），再抹一層橄欖油（分量外）。

2 番茄和洋蔥切丁，放入烤盤，加入橄欖油、麵包粉、鹽和黑胡椒粉拌勻鋪平（圖 2、3）。

3 將作法①的雞柳均勻平鋪在作法②的烤盤中間，上面撒一層起司絲，蓋上錫箔紙（圖 4、5）。

4 放入已預熱 230 度的烤箱，烤 10 分鐘。

5 將作法④的錫箔紙取出後再放回烤箱（圖 6），繼續烤 3 ～ 5 分鐘或起司融化變色即完成。

1

2

3

4

5

6

CHICKEN 15

芝麻雞柳

材料 2人份

雞柳 · 6 條

A
> 醬油 1 大匙
> 薑末 1 小匙
> 糖 1 小匙
> 蛋白 1 顆

黑芝麻 1 大匙

白芝麻 1 大匙

作法

1 每條雞柳斜切成兩段,加入 [A] 拌勻,靜置 10 分鐘。

2 黑芝麻和白芝麻分別放入盤中,或是將黑白芝麻混合均勻。

3 取出作法①的雞柳,分別沾裹作法②的芝麻(圖 1、2、3)。

4 平底鍋加熱,加油,放入作法③沾裹好芝麻的雞柳,翻面時小心不要讓芝麻掉太多,約煎 3 ～ 4 分鐘即完成。

Point

一般家庭的芝麻使用量不多,常常一包芝麻用了很久都用不完,運用在此道料理最適合了。用剩的芝麻可以放在冰箱冷藏保存,不但可增加保存時間,也比較不會有油耗味。

1

2

3

CHICKEN 16

美乃滋芥末雞柳

材料 2人份

雞柳・6 條

鹽・2 小匙

白胡椒粉・1 小匙

美乃滋・1 大匙

芥末籽醬・1 大匙

作法

1 每條雞柳切成兩段，用鹽和白胡椒粉抓醃。

2 美乃滋和芥末籽醬放入料理盆混合均勻。

3 烤盤鋪上烘焙紙，將作法①的雞柳沾裹作法②後擺在烤盤上。

4 烤箱預熱至 230 度，放入作法③烤 12 分鐘即完成。

Point

美乃滋就是俗稱的沙拉醬，市售的美乃滋都可以做這道料理，如果可用自製的美乃滋就更棒了。

CHICKEN 17

蒜苗雞柳

材料 2人份

雞柳・6 條

蒜苗・3 根

鹽・1 小匙

白胡椒粉・1 小匙

麵粉・1/2 小匙

二砂糖・1 小匙

醬油・1/2 大匙

七味粉・適量（可有可無）

作法

1　每條雞柳切成兩段，撒鹽和白胡椒粉後，在外層輕輕沾裹一層麵粉。

2　蒜苗洗淨後斜切。

3　鍋子加熱，加油，油熱了之後放入作法①的雞柳，煎到兩面金黃。

4　在作法③中放入二砂糖、醬油及作法②切好的蒜苗，拌炒均勻，起鍋前撒入七味粉即完成。

Point

七味粉可以不加，或是用其他喜愛的香料粉代替。

chicken
3

\ 香酥可口的 /

雞塊與雞丁料理

雞胸肉因厚度較厚,料理前可以先切小塊,減少烹調時間也較易入口。雞胸切大一點的是雞塊,小一些的是雞丁。

切塊

雞塊的大小會影響口感,料理前可考量搭配的食材來決定大小。

切大一點的是雞塊

切小一些的是雞丁

煎煮

表面變色後轉小火或遠離火源,讓肉繼續煎熟,煎好後靜置。

煎的時候油要夠熱

表面變色後轉小火,煎好後靜置

雞米花

材料 2人份

雞塊·200 公克
鹽·2 小匙
白胡椒粉·1 小匙
蛋·1 顆
地瓜粉·30 公克
麵粉·10 公克

作法

1 雞塊放入料理盆，加鹽和白胡椒粉抓醃，再打一顆蛋，用手抓醃拌勻（圖）。

2 將地瓜粉和麵粉混合均勻。

3 將作法①的雞塊表面均勻沾裹作法②。

4 起油鍋，鍋子加熱到170度左右，放入作法③，炸約3 分鐘，炸熟即完成。

火候的控制

①剛開火時，為了讓鍋子快速加溫，可先開大火。

②雞肉放入後轉中火。

③必要時轉成小火，以免燒焦。

1

2

3

2人份

>> 蒜味雞米花

主材料：雞米花 1 份

奶油 · 20 公克
鹽 · 2 小匙
糖 · 1/2 大匙
蒜末 · 1 大匙

作法

a 平底鍋加熱，放入奶油融化。

b 加入鹽和糖，再加一大把蒜末炒香，炒到糖融化。

c 放入炸好的雞米花拌勻，讓雞米花均勻沾裹醬汁即完成。

2人份

>> 韓式炸雞

主材料：雞米花 1 份

奶油 · 20 公克
醬油 · 1/2 大匙
韓式辣醬 · 1 大匙
蜂蜜 · 1 大匙
白芝麻 · 適量

作法

a 鍋子加熱，放入奶油融化。

b 加入醬油和韓式辣醬拌勻，再加入蜂蜜。

c 放入雞米花，均勻沾裹醬汁，起鍋前撒上白芝麻即完成。

2人份

>> 親子丼

主材料：雞米花 1 份

洋蔥 · 1/2 顆

A
醬油 · 1/3 大匙
高湯或水 · 1 大匙
糖 · 2 小匙

蛋 · 2 顆
蔥絲 · 適量

作法

a 平底鍋加熱，加油，放入切絲的洋蔥稍微拌炒，淋入 [A]，再放入雞米花。

b 蛋打散，將蛋液淋入作法ⓐ的鍋中，蓋上鍋蓋悶煮 3 分鐘。

c 開蓋後撒入蔥絲即完成。

串烤雞肉

材料 2人份

雞塊 · 200 公克

A
- 花生醬 · 1 大匙
- 米酒 · 1 大匙
- 醬油 · 1 小匙
- 鹽 · 1 小匙
- 白胡椒粉 · 1 小匙

洋蔥 · 1 顆

紅椒 · 1 顆

櫛瓜 · 1 條

竹籤 · 數支

作法

1 ［A］放入料理盆，將花生醬抹開，和其他醬料混合均勻。

2 雞塊放入作法①的料理盆中，用手抓醃均勻，放入冰箱冷藏 3 ～ 5 小時。

3 洋蔥和紅椒切塊（約和雞塊寬度相同），櫛瓜切片。

4 用竹籤將肉塊、洋蔥、紅椒、櫛瓜依序插入（圖）。

5 放入已預熱至 200 度的烤箱，烤 12 ～ 15 分鐘即完成。

Point

花生醬黏稠，調製醬汁時，可以先將花生醬放入碗內，再加入米酒將花生醬壓勻調合，再放入其他調味料。

花生醬的調合

市售花生醬有分無顆粒與有顆粒，兩種都可以使用。此道料理適合用有甜味的花生醬。對花生過敏或不喜歡花生醬，也可以用沙茶醬或烤肉醬代替。

先將花生醬壓勻　　　　　　　再慢慢調和　　　　　　　可用沙茶醬代替

剝皮辣椒炒雞丁

材料 2人份

雞丁・150 公克
剝皮辣椒（罐頭）・60 公克
二砂糖・2 小匙
米酒・1/2 大匙

作法

1 剝皮辣椒切成細絲，並取出大約 1/2 大匙的醬汁備用。

2 鍋子加熱，加油，將雞丁放入翻炒，炒到表面變色後加入米酒、二砂糖、作法①的罐頭醬汁和切好的剝皮辣椒，炒勻即完成。

CHICKEN 21

鳳梨堅果雞丁

材料 2人份

雞丁・150 公克

鹽・1 小匙

白胡椒粉・1 小匙

太白粉・1/2 大匙

鳳梨・90 公克

堅果・40 公克

醬油・1 大匙

作法

1 雞丁放入料理盆內，加入鹽、白胡椒粉、太白粉均勻抓醃。

2 鳳梨切小塊，堅果一半打碎一半保留原樣。

3 鍋子加熱，加油，放入作法①的雞丁炒到變色，加入醬油、作法②的鳳梨和堅果炒勻即完成。

CHICKEN 22

優格咖哩烤雞

材料 2人份

雞塊．200 公克

A
紅咖哩醬．1 大匙
優格．300 克
薑末．1 小匙
糖．1 大匙

香菜．適量

作法

1 [A] 放入料理盆均勻混合。

2 將雞塊放入作法①均勻抓醃，放入冰箱冷藏至少 6 小時。

3 取出作法②，放入已預熱至 220 度的烤箱，烤 20 分鐘。

4 取出作法③，撒上香菜即可。

咖哩醬

各地的東南亞商店都可買到齊全的咖哩醬。北部可以在南勢角的華新街，桃園可以在忠貞市場等地選購，種類多又齊全，道地又好吃。

咖哩塊

沒有咖哩醬也可以用咖哩塊取代。將咖哩塊切成細粉狀，再和優格拌勻即可。怕辣的人也可以用甜味的咖哩塊代替咖哩醬。

CHICKEN 23

鹽酥雞

材料　2人份

雞塊・200 公克
蒜・5 公克
薑・5 公克
米酒・1/2 大匙
醬油・1 大匙
糖・2 小匙
地瓜粉・1/2 大匙
麵粉・1/2 大匙
九層塔・20 公克

作法

1 薑、蒜磨泥（圖1），和醬油、米酒、糖放入料理盆調勻（圖2），放入雞塊醃 30 分鐘（圖3）。

2 地瓜粉和麵粉混合，放在盤中，將作法①的雞塊分別均勻沾裏地瓜粉（圖4、5）。

3 起油鍋，將作法②的雞塊放入 170 度油鍋（圖6），約 4 ～ 5 分鐘，炸到表面金黃即可取出。

4 將九層塔放入作法③的油鍋炸數秒取出，和作法③的鹽酥雞一起擺盤即完成。

Point

九層塔放入油鍋時要特別小心，鍋內油溫很高，九層塔的水分也多，因此放入九層塔時會劇烈噴油，建議馬上用鍋蓋蓋住，以免被油噴到。鹽酥雞和腐乳雞（P.60）都是較大的肉塊，為了讓肉熟透及表面酥脆，這兩道料理都需要用較多的油來炸，油最好要蓋過肉塊。

1　　　2　　　3

4　　　5　　　6

CHICKEN 24

腐乳雞

材料 **2 人份**

雞塊・200 公克

A
| 豆腐乳・2 塊
| （約 2 公分正方大小）
| 蒜片・5 片
| 白醬油・1 大匙
| 米酒・1 大匙
| 糖・1 大匙

地瓜粉・2 大匙

作法

1 ［A］放入料理盆，將所有醃料壓碎拌勻（圖 1）。

2 雞塊放入作法①均勻抓醃，置於冷藏至少 2 小時（圖 2）。

3 地瓜粉倒入盤中，將作法②的雞塊表面均勻沾裹地瓜粉（圖 3），放置 1 ～ 2 分鐘反潮（圖 4）。

4 起油鍋，加熱至 170 度，放入作法③的肉塊炸至表面金黃即可（圖 5、6）。

Point

市售豆腐乳種類眾多，如果要醃肉，請先試吃，若豆腐乳太鹹，則醬油可以不加。醃肉之前先將豆腐乳壓成泥狀較易入味。

1

2

3

4

5

6

烤茄汁雞塊

材料 2人份

雞塊·150 公克
洋蔥·1/2 顆
美乃滋·1 大匙
番茄醬·1 大匙
鹽·1 小匙
糖·2 小匙

作法

1 將美乃滋、番茄醬、鹽和糖放入料理盆拌勻。

2 洋蔥切塊。

3 雞塊和作法②的洋蔥放入作法①，均勻沾裹醬汁，蓋上蓋子，放入冰箱冷藏 3 ～ 5 小時。

4 烤盤鋪上烘焙紙，將作法③擺在烤盤上。

5 烤箱預熱至 200 度，放入作法④烤 12 ～ 15 分鐘即完成。

CHICKEN 26

香菇雞肉炊飯

材料 2人份

米 · 2 杯

乾香菇 · 2 朵

紅蘿蔔絲 · 10 公克

雞丁 · 50 公克

鹽 · 2 小匙

白胡椒粉 · 1 小匙

作法

1 米洗淨，放入煮飯鍋內，加入 2 杯水。

2 乾香菇泡水 10 分鐘，泡好後切絲。

3 雞丁撒鹽和白胡椒粉靜置 10 分鐘。

4 平底鍋加熱，加油，放入作法②的香菇炒香，放入作法③的雞丁，煎到表面變白，取出備用。

5 作法①內鋪上作法④的香菇、雞丁及紅蘿蔔絲，蓋上鍋蓋，煮飯，煮好即完成。

Point

更多炊飯料理請參考《一起來 · 捏飯糰》。

chicken

4

\ 鮮嫩營養的 /

雞肉片料理

雞胸肉切片後非常軟嫩，因厚度變薄，烹調時間較短，只要簡單加熱就好。可依料理需求將雞胸肉片成需要的大小。

切片

雞胸肉太厚實，可依料理需求片成需要的大小。片雞胸肉的方式最好是逆紋斜切，這樣的口感會更好。

整塊厚實的雞胸肉

逆紋斜切

可以片成所需要的大小

切片完成的雞胸肉

汆燙

不裹粉

燙到肉片轉白變色即可

裹粉

裹粉後再燙可讓雞胸肉口感更嫩

乾煎

鍋子與油熱了再將肉片放入

煎到表面金黃即可關火

CHICKEN 27

黑胡椒雞肉片

材料 2人份

雞肉片 · 80 公克

太白粉 · 1 大匙

洋蔥 · 20 公克

黑胡椒粉 · 5 公克

醬油膏 · 1 大匙

奶油 · 10 公克

作法

1　洋蔥切絲。

2　雞肉片表面輕輕沾裹一層太白粉（圖）。

3　鍋子加熱，加油，放入作法①的洋蔥絲稍微拌炒，加入作法②的雞胸肉片，盡量不要讓肉片黏在一起。

4　加入醬油膏和黑胡椒粉，拌炒均勻，肉熟了之後放入奶油，關火，拌炒均勻即可。

芥藍菜炒雞肉片

材料　2人份

雞肉片・160 公克

薑絲・3 公克

芥藍菜・60 公克

香菇・2 朵

醬油膏・1 大匙

米酒・1 大匙

白胡椒粉・少許

作法

1　芥藍菜洗淨後切段，香菇切薄片。

2　醬油膏、米酒、白胡椒粉放入料理盆拌勻。

3　鍋子加熱、加油，放入薑絲和作法①的香菇炒香，放入雞肉片炒到半熟，加入作法①的芥藍菜拌炒。

4　倒入調好的作法②，拌炒均勻即完成。

櫛瓜炒雞肉片

材料 `2人份`

雞肉片‧120 公克
蒜末‧1 小匙
蝦米‧3 公克
櫛瓜‧100 公克
鹽‧2 小匙
白胡椒粉‧適量
糖‧1 小匙

作法

1 蝦米泡水 10 分鐘後取出，切成碎末。

2 櫛瓜去除頭尾，切成長薄片，再切成細絲（圖 1、2）。

3 雞肉片撒鹽和白胡椒粉。

4 鍋子加熱，加油，放入作法①的蝦米和蒜末炒香，放入雞肉片拌炒。

5 肉片熟了之後放入作法②的櫛瓜絲，加鹽和糖調味即完成。

1

2

CHICKEN 30

蛋包雞肉片

材料 **2人份**

雞肉片‧100 公克

蛋‧2 顆

香菜‧5 公克

紅蘿蔔‧10 公克

鹽‧1 小匙

白胡椒‧1 小匙

糖‧1 小匙

麵粉‧1 大匙

作法

1　香菜和紅蘿蔔洗淨後切成碎末。

2　將蛋打入碗內拌勻，加入鹽、糖及作法①的香菜末和紅蘿蔔末拌勻。

3　雞肉片用鹽和白胡椒粉抓醃，表面沾裹麵粉。

4　平底鍋加熱，加油，將作法③的雞肉片放入作法②的蛋液裡（圖1、2），夾出後直接放入鍋內煎（圖3）。

5　蛋液凝固後再翻面繼續煎（圖4），火候不要太大，每面約各煎 2 分鐘即完成。

Point

蛋包雞肉片非常營養，常常被我拿來當便當菜，顏色好看又好擺盤，建議大家一定要試試。不喜歡香菜可以用青蔥代替，或是用其他青菜切碎也可以。

起司雞肉三明治

材料 **2人份**

雞肉片‧100 公克

吐司‧2 片

起司‧2 片

鹽‧1 小匙

黑胡椒粉‧1 小匙

番茄醬‧1 大匙

奶油‧30 公克

作法

1 雞肉片用筷子夾起,放入煮沸的鹽水汆燙至變色(圖 1),放入盤中備用。

2 在吐司上依序放入起司、作法①燙好的雞肉片,撒鹽、黑胡椒粉、擠上番茄醬,最後再蓋上另一片起司及吐司。

3 平底鍋加熱,放入一小塊奶油,加一點橄欖油,放入作法②,用鍋鏟壓吐司(圖 2),讓吐司煎到焦脆。

4 鍋子再加一點油,吐司翻面,一樣煎到焦脆即完成(圖 3)。

Point

雞肉片薄,放入滾水汆燙約 10 秒即可,非常方便。將燙好的雞肉片表面水分瀝乾,再放入三明治中。

1

2

3

雞肉蛋沙拉麵包

材料 **2人份**

雞肉片‧8 片
太白粉‧1 大匙
蛋‧1 顆
鹽‧1 小匙
糖‧1 小匙
小餐包‧4 個
奶油‧適量
芥末醬‧適量
紅椒粉‧1 小匙
生菜‧20 公克
紫洋蔥‧少許

作法

1　紫洋蔥切絲。雞肉片表面沾裹薄薄一層太白粉。

2　雞肉片用筷子夾起，放入煮沸的鹽水汆燙至變色，放
　　入盤中備用。

3　蛋打入碗中，加入鹽和糖打勻。

4　平底鍋加熱，加油，鍋子熱了之後將作法③的蛋液倒
　　入，用筷子快速翻動，炒成小碎末。（圖 1）

5　小餐包由中間切開（圖 2、3），抹上奶油和芥末醬，
　　放入生菜和作法①的紫洋蔥絲，放入兩片作法②燙好
　　的雞肉片（圖 4），最後放上作法④的蛋碎並撒上紅
　　椒粉即完成。

2

3

1

4

烤雞肉捲

材料 2人份

雞肉片‧10 片
紅椒‧40 公克
黃椒‧40 公克
青蔥‧40 公克
烤肉醬‧2 大匙

作法

1 紅椒和黃椒切細絲，青蔥切段。

2 將雞肉片鋪平，用刀背將肉拍打成薄片，小心不要將肉打破。

3 將作法①的紅黃椒絲和青蔥放在作法②的雞肉片上，捲起（圖 1、2），共 10 捲。

4 將作法③的肉捲串起（圖 3），放在抹油的烤盤上，表面塗上烤肉醬（圖 4），送入已預熱至 200 度的烤箱，烤 5 分鐘後取出翻面，再抹上烤肉醬，烤 5 分鐘即完成。

Point

此道料理的雞肉片可以切長一點，放上蔬菜後會比較好捲。包裹的蔬菜可依個人喜好更改。沒有烤肉醬也可用沙茶醬代替。

1

2

3

4

Chicken
5

\ 多汁軟Q的 /
雞絞肉料理

料理前的準備

傳統市場賣雞絞肉的攤商不多，而一般超市賣的雞絞肉並非全是雞胸肉部位，內含雞腿肉較多。若想以雞胸肉做成絞肉，建議買好雞胸肉後，請熟識的豬肉攤幫忙絞成肉末，或是回家自行製作。

增加口感

雞胸肉的油脂含量較少，建議可以加入雞皮一起打成肉末，或添加粉類、雞蛋，做成漢堡排或肉丸。

添加粉類或雞蛋增加口感

用手抓拌均勻

製作肉末

市面上販售雞絞肉的店家不多，有需要可以自行製作。例如用菜刀剁碎或食物調理機打碎。

可用菜刀將雞胸肉剁碎

或以食物調理機將雞胸肉打碎

雞肉地瓜沙拉

材料 2人份

雞絞肉‧100 公克

水煮蛋‧1 顆

櫛瓜‧50 公克

地瓜‧150 公克

蒜末‧1 小匙

鹽‧2 小匙

糖‧1/2 小匙

奶油‧20 公克

作法

1 地瓜洗淨後削皮，切成塊狀，放入電鍋蒸熟。

2 櫛瓜切薄片，平底鍋加熱，加油，將櫛瓜放入煎到微焦捲曲，取出備用（圖 1）。

3 雞絞肉放入作法②的鍋中，用鍋鏟將肉壓散分開，加入蒜末和鹽拌炒，炒熟即可取出備用（圖 2）。

4 水煮蛋切碎。

5 將作法①蒸好的地瓜取出，趁熱加入鹽、糖和奶油，壓成泥狀（圖 3），加入作法②的櫛瓜、作法③的雞肉末、作法④的水煮蛋，拌勻即完成（圖 4）。

Point

地瓜蒸熟後請注意是否有很多水分，水分太多要先瀝除（左圖）。地瓜種類多，用任何品種都可以，台灣近幾年種的台農 57 號黃地瓜非常香甜好吃，推薦大家試試。

1

2

3

4

涼拌味噌雞肉末

材料 **2人份**

雞絞肉・100 公克

薑末・1 小匙

A
- 味噌・1/2 大匙
- 米酒・1/2 大匙
- 二砂糖・1 小匙
- 白胡椒粉・1 小匙

番茄・1 顆

洋蔥・1 顆

九層塔・1 把

橄欖油・1 大匙

黑胡椒粉・1 小匙

作法

1 鍋子加熱,加油,放入雞絞肉,用鍋鏟將肉壓平壓散,不要讓雞絞肉黏在一起,放入薑末和 [**A**] 拌炒,將肉炒熟後取出備用。

2 番茄和洋蔥洗淨後切小丁,九層塔洗淨後擦乾切碎。

3 作法②放入盤中,加入橄欖油和黑胡椒粉拌勻。

4 將作法①的肉末放在作法③上,稍微拌一下即完成。

CHICKEN 36

雞肉櫻花蝦炒飯

材料 2人份

雞絞肉・80 公克

蒜末・5 公克

白飯・2 碗

蛋・2 顆

櫻花蝦乾・10 公克

蔥末・1 大匙

鹽・2 小匙

作法

1 鍋子加熱，加油，蛋打勻後放入，炒到七分熟後取出。

2 雞絞肉放入作法①的鍋中，再加點油，用鍋鏟將肉壓平壓散，讓肉不會黏在一起，放入蒜末和鹽將肉炒熟。

3 白飯放入作法②的鍋中，和肉末炒勻，加入作法①的蛋和櫻花蝦乾拌炒均勻，起鍋前撒入蔥末炒勻即完成。

芹菜雞肉丸

材料 2人份

雞絞肉‧200 公克
鹽‧2 小匙
太白粉‧1 大匙
芹菜‧60 公克

作法

1 芹菜洗淨後切珠。

2 雞絞肉放入料理盆，加鹽和太白粉充分拌勻，再加入作法①的芹菜珠拌勻（圖 1）。

3 起一鍋水，水滾後取適量作法②捏成球狀，放入煮熟（圖 2、3）。

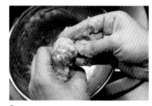

1

2

3

延伸料理

>> 雞肉丸蔬菜麵

2人份

主材料：雞肉丸 100 公克

油麵‧70 公克
蒜末‧1 小匙
雞高湯‧100ml
鹽‧2 小匙
甜豆‧30 公克
紅蘿蔔‧20 公克

作法

a 甜豆去粗筋，洗淨後切絲。紅蘿蔔洗淨後削皮切絲。

b 鍋子加熱，加油，放入蒜末、作法ⓐ的甜豆絲和紅蘿蔔絲拌炒，加入高湯，加鹽調味。

c 放入油麵和雞肉丸拌炒均勻即可起鍋。

CHICKEN 38

雞茸玉米濃湯

材料 2人份

雞絞肉‧60 公克

洋蔥‧1/2 顆

玉米粒‧100 公克

火腿片‧2 片

麵粉‧1 大匙

牛奶‧300ml

雞高湯或水‧500ml

鹽‧2 小匙

黑胡椒粉‧適量

奶油‧15 公克

作法

1 洋蔥洗淨後切小丁，火腿片切小丁。

2 湯鍋加熱，加奶油，放入作法①的洋蔥和雞絞肉炒熟，加入玉米粒炒香（圖 1）。

3 轉小火，分批撒入麵粉，一邊加一邊拌炒，盡量不要讓麵粉結塊（圖 2）。

4 再慢慢分次加入牛奶，讓牛奶和麵粉形成濃稠的湯汁（圖 3）。

5 加入雞高湯或水，加鹽調味，將湯煮滾，加入作法①切好的火腿片（圖 4），以小火滾煮 10 分鐘，撒入黑胡椒粉即完成。

1

2

3

CHICKEN 39

雞肉末豆腐

材料 2人份

雞絞肉·100 公克
板豆腐·1 塊
紅蘿蔔·1/2 根
蒜末·1 小匙
青蔥·2 支
黑芝麻·5 公克
鹽·2 小匙
白胡椒粉·1 小匙

作法

1 板豆腐用廚房紙巾包起，放入盤中，豆腐上方壓重物，放置約 20 分鐘（圖 1），擠出豆腐內的水分。再用乾淨的雙手將豆腐捏成碎塊（圖 2）。

2 紅蘿蔔洗淨，削皮後切絲。青蔥切末，蔥白和蔥綠分開。

3 平底鍋加熱，加油，放入作法②的紅蘿蔔絲拌炒至軟（圖 3），取出備用。

4 雞絞肉放入作法③的鍋中，再加一點油拌炒，加入蒜末和作法②的蔥白（圖 4、5），加入鹽和白胡椒粉調味，炒到肉熟後，放入作法①的豆腐、作法③的紅蘿蔔絲及黑芝麻炒勻（圖 6），最後撒上作法②的青蔥末即完成。

1

2

3

4

5

6

蘑菇雞肉末

材料 **2人份**

雞絞肉・80 公克

蘑菇・40 公克

奶油・15 公克

鹽・1 小匙

黑胡椒粉・1 小匙

香菜・適量

蒜末・1 小匙

作法

1 蘑菇對切，香菜洗淨切小段。

2 平底鍋加熱，加油，放入雞絞肉，用鍋鏟將肉壓平壓散，讓肉不會黏在一起，加入鹽和黑胡椒粉炒到肉熟，取出備用。

3 奶油放入作法②的鍋中，轉小火，放入作法①的蘑菇和蒜末拌炒，炒出香氣。

4 作法②的雞肉再加入作法③中炒勻，最後放入作法①的香菜即完成。

CHICKEN 41

雞肉豆腐鍋

材料 2人份

雞絞肉 · 100 公克

薑末 · 1 小匙

番茄 · 1 顆

嫩豆腐 · 1 盒

雞高湯或水 · 600ml

鹽 · 2 小匙

糖 · 1 小匙

醬油 · 1 小匙

蔥花 · 適量

作法

1　番茄切成四等分。嫩豆腐切小塊。

2　湯鍋加熱，加油，以薑末爆香，放入雞絞肉拌炒，炒熟後取出備用。

3　雞高湯直接倒入作法②的湯鍋，放入切好的番茄，加鹽、糖和醬油，湯汁煮滾後轉小火。

4　放入切好的豆腐，最上面放作法②炒熟的雞絞肉，蓋上鍋蓋，以小火滾煮 5 分鐘，關火前撒上蔥花即完成。

Chicken 6

\ 香脆酥炸的 /

雞 皮 料 理

超市的雞胸肉大多已將雞皮去除。傳統市場雞肉攤上的雞胸肉有時也是去皮，但建議可把雞皮一起購回，因為雞皮好吃也容易料理，可增家餐桌上的菜色。

自製雞油

雞皮切成條狀或小塊，不用加油，直接放入平底鍋內，會逼出很多油脂，煎好的雞皮直接撒鹽或沾醬油就很好吃。雞油也可以當食用油，煮菜、拌飯、拌麵都好吃。

將雞皮切成想要的形狀與大小

煎好的雞皮非常酥脆好吃

不用加油，直接放入鍋內煎

雞油是料理的好幫手

活用雞油

煎雞皮或雞腿時，可以先準備一碗蔥花，加少許鹽和白胡椒粉，待逼出雞油時，趁熱將雞油倒入碗內，就是雞油蔥了，當成沾醬或是拌飯、拌麵都很好吃。

將逼出的雞油趁熱倒入就是好吃的雞油蔥

剛煎好的香酥脆雞皮

如果只有少量，建議儘早食用完畢。若一次製作大量，則油一定要蓋過蔥，再放入玻璃瓶中冷藏，可保存 2 星期。

其他動物油

除了雞油，其他油脂多的動物油也能利用。例如煎鮭魚或五花肉時都有豐富的油脂釋出，鮭魚油可以用來炒蛋、炒飯，五花肉的油可以拿來炒菜，都非常對味。

鮭魚油脂量豐富

豬油的用途非常廣泛

動物油要放冰箱冷藏保存，可減少油耗味，品質和味道才能保持在較好的狀態。

CHICKEN 42

乾煎雞皮

材料 2人份

雞皮‧1片
青菜‧1把
鹽‧適量
七味粉‧少許

作法

1 將雞皮切小片。

2 鍋子加熱，熱了之後放入雞皮，轉中火，將雞皮煎
　到金黃後取出。

3 在作法②的鍋中放入青菜拌炒，調味。

4 青菜盛盤，旁邊放上作法②的雞皮，在雞皮上撒
　鹽、七味粉。

醬油雞皮串

材料 **2人份**

雞皮‧2片

A
| 醬油‧1/2 大匙
| 米酒‧1/2 大匙
| 二砂糖‧1 小匙
| 白胡椒粉‧少許

七味粉‧適量

竹籤‧數支

作法

1 雞皮切成長條，用竹籤將雞皮串起（圖1、2）。

2 將［A］調好備用。

3 平底鍋加熱，鍋子熱了之後，放入串好的作法①，
   煎到表面金黃後倒入作法②的醬汁，煮到醬汁稍微
   黏稠即可。

4 取出作法③放入盤內，撒上七味粉即完成。

1

2

CHICKEN 44

雞皮拌飯

材料 2人份

雞皮・2 片
青蔥・2 根
香菜・1 把
蒜末・1 小匙
醬油・1/2 大匙
香油・1/2 大匙
白飯・1 碗

作法

1 青蔥和香菜洗淨後瀝乾，青蔥切珠，香菜切成小段。

2 雞皮切小塊。

3 鍋子加熱，加油，將作法②的雞皮放入煎到焦脆後取出。

4 將蒜末、醬油、香油、作法①的香菜和青蔥、作法③煎好的雞皮放入料理盆中拌勻，最後鋪在白飯上即可享用。

雞皮捲蔬菜

材料 2人份

雞皮·3 片

芹菜·30 公克

紅蘿蔔·15 公克

鹽·2 小匙

七味粉·適量

作法

1 每片雞皮切成 3 長條（圖 1）。

2 芹菜和紅蘿蔔洗淨後切成細絲，約 5 公分長。

3 用作法①的雞皮將作法②的蔬菜捲起（圖 2、3）。

4 平底鍋加熱，放入作法③，雞皮的接合處朝下，煎到每面金黃（圖 4），起鍋後撒鹽和七味粉即完成。

Point

不同於肉片，雞皮耐高溫，經過長時間的煎煮或烘烤會更加酥脆，如果雞皮上的油脂多，在煎的時候甚至不需要在鍋內加油。

1

2

3

4

WWW.HOLSEM-FOODS.COM

HOLSEM

舒康雞
HOLSEM

無用藥、全植物性飼料飼養的優質雞肉品牌

為消費者提供安全、純淨、美味的高品質雞肉，是舒康雞品牌創立的初衷及一路走來的堅持。建立一條龍的生產流程與透明的溯源機制，擁有農場到分切廠整合的產銷履歷驗證，自主將每批生產的雞肝送驗，以高標準的流程管理和品質要求嚴格把關，實現對消費者的承諾。

五味坊118

宜料理・雞胸肉
雞柳、雞塊、雞丁、雞肉片、雞絞肉及雞皮的活用料理

作　　　者／宜手作
攝　　　影／張世平

總　編　輯／王秀婷
主　　　編／洪淑暖

發　行　人／涂玉雲
出　　　版／積木文化
　　　　　104台北市民生東路二段141號5樓
　　　　　官方部落格：http://cubepress.com.tw/
　　　　　電話：(02) 2500-7696　傳真：(02) 2500-1953
　　　　　讀者服務信箱：service_cube@hmg.com.tw

發　　　行／英屬蓋曼群島商家庭傳媒股份有限公司城邦分公司
　　　　　台北市民生東路二段141號5樓
　　　　　讀者服務專線：(02)25007718-9　24小時傳真專線：(02)25001990-1
　　　　　服務時間：週一至週五上午09:30-12:00、下午13:30-17:00
　　　　　郵撥：19863813　戶名：書虫股份有限公司
　　　　　網站：城邦讀書花園　網址：www.cite.com.tw

香港發行所／城邦（香港）出版集團有限公司
　　　　　香港灣仔駱克道193號東超商業中心1樓
　　　　　電話：(603)90563833　傳真：852-25789337
　　　　　電子信箱：services@cite.my

馬新發行所／城邦（馬新）出版集團 Cite (M) Sdn Bhd
　　　　　41, Jalan Radin Anum, Bandar Baru Sri Petaling,
　　　　　57000 Kuala Lumpur, Malaysia.
　　　　　電話：603-90578822　傳真：603-90576622
　　　　　email: cite@cite.com.my

美術設計／曲文瑩
製版印刷／上晴彩色印刷製版有限公司

【印刷版】
2021年4月27日 初版一刷
2023年9月15日 初版三刷
定價／300元
ISBN 978-986-459-289-0
版權所有・翻印必究

【電子版】
2021年4月
ISBN 978-986-459-294-4

國家圖書館出版品預行編目(CIP)資料

宜料理・雞胸肉：雞柳、雞塊、雞丁、雞
肉片、雞絞肉及雞皮的活用料理/宜手作
著. -- 初版. -- 臺北市：積木文化出版：英
屬蓋曼群島商家庭傳媒股份有限公司城
邦分公司發行, 2021.04
104面；14.8×21公分. -- (五味坊；
118) ISBN 978-986-459-289-0（平裝）

1.肉類食譜 2.雞

427.221　　　　　　　110005384

城邦讀書花園
www.cite.com.tw
Printed in Taiwan.

每月抽好書
線上填問卷即有機會獲得積木精選書